Stanislas Meunier

Les Pierres tombées du ciel et l'évolution planétaire

Science

 Le code de la propriété intellectuelle du 1er juillet 1992 interdit en effet expressément la photocopie à usage collectif sans autorisation des ayants droit. Or, cette pratique s'est généralisée dans les établissements d'enseignement supérieur, provoquant une baisse brutale des achats de livres et de revues, au point que la possibilité même pour les auteurs de créer des œuvres nouvelles et de les faire éditer correctement est aujourd'hui menacée. En application de la loi du 11 mars 1957, il est interdit de reproduire intégralement ou partiellement le présent ouvrage, sur quelque support que ce soit, sans autorisation de l'Éditeur ou du Centre Français d'Exploitation du Droit de Copie , 20, rue Grands Augustins, 75006 Paris.

ISBN : 978-1979835718

10 9 8 7 6 5 4 3 2 1

Stanislas Meunier

Les Pierres tombées du ciel et l'évolution planétaire

Science

Table de Matières

Introduction	6
Section I	11
Section II	16
Section III	22
Section V	31
Section VI	38

Introduction

L'homme a toujours commencé par voir, dans tout phénomène grandiose et inaccoutumé, une manifestation des puissances surnaturelles. La foudre qui éclate, c'est le char de Thor roulant dans l'espace. Les pierres qui tombent du ciel sont lancées par les dieux : celle que l'on voyait près du temple de Delphes avait été, dit-on, rejetée par Saturne. Une autre était adorée à Rome où on lui éleva un temple, et lui donna des prêtres. Les Phéniciens l'appelaient Elagabale, les Phrygiens, la Mère des Dieux, les Libyens, Jupiter Ammon. Une monnaie commémora sa translation, en l'an 104 avant notre ère, dans la capitale du monde, sur un char attelé de quatre chevaux.

Au sentiment de plusieurs auteurs, la numismatique semblerait, d'ailleurs, avoir attaché un intérêt tout particulier aux pierres tombées du ciel. Des monnaies de l'île de Chypre montrent un gros bloc conique, qui serait une météorite placée sous le péristyle d'un temple, devant un bassin avec ou sans poissons, selon les exemplaires. C'est, pense-t-on, le symbole de la Diane de Perga que représente une pierre disposée sur le fronton d'un temple à deux colonnes. On trouve cette gravure sur des monnaies de Caracalla, de Septime-Sévère et d'autres empereurs. Une médaille de Drusus le Jeune porte, au revers, Jupiter de Salamine tenant dans sa main gauche la pierre conique. Sur d'autres monnaies, on voit deux pierres en forme de bornes, placées l'une à côté de l'autre et abritées sous un arbre. D'autres exemples, innombrables, pourraient être ajoutés à cette liste, dont la signification a été contestée.

Les anciens historiens, ont, à maintes reprises, conservé le souvenir de chutes d'aérolithes. Des livres chinois, datant de plusieurs siècles avant notre ère, en font mention. Les Grecs et les Romains nous ont donné beaucoup de détails sur ces phénomènes. Pline raconte que la seconde année de la 78e olympiade (environ 467 ans avant notre ère), une pierre, de la grosseur d'un chariot, tomba en Thrace, près de la rivière des Chèvres (*Ægos Potamos*). Plutarque dans la *Vie de Lysandre*, Tite-Live dans ses *Décades*, Valère Maxime, Julius Obsequens, César, Ammien Marcellin, Pholius ont enregistré le phénomène : la plupart en lui attribuant, cela va sans dire, une origine merveilleuse.

De grands esprits, cependant, approchèrent déjà de la vérité : Anaxagore, d'après Pline, aurait dit que la pierre d'Ægos Potamos avait été détachée du corps même du soleil.

Les auteurs du moyen âge ont à leur tour constaté des chutes de pierres célestes. Le *Livre des Prodiges*, de Conrad Lycosthène montre, par une gravure, une averse de blocs sur un paysage montagneux, une ville fortifiée.

Cette image, si naïve, n'est pas la seule qui ait représenté le météore. Une œuvre, au sommet de l'art, la *Madone de Foligno*, de Raphaël, que l'on voit à la Pinacothèque du Vatican, a peut-être été commandée pour commémorer une chute de pierre météoritique. La Vierge, assise sur les nuages, avec le « Bambino » dans les bras, est entourée d'une guirlande de chérubins. A ses pieds, quatre saints en prière. Dans le fond du tableau, la ville de Crema. En regardant avec un peu d'attention, on voit au-dessus de celle-ci un globe de feu descendre des nuages en laissant derrière lui une traînée embrasée. Ce n'est pas, ainsi qu'on l'a cru d'abord, quelque engin de guerre ; c'est un bolide, comme M. Holden, en 1891, l'a mis en évidence, en citant d'anciens textes : « Le 4 septembre 1511, — nous dit la *Istoria di Milano*, du cordonnier Andréa del Prato, — à deux heures de la nuit, il apparut à Milan et dans toute la région, dans l'atmosphère, à la surprise et à la terreur de tous, *una granda testa*, d'une telle splendeur qu'elle parut rallumer le jour. » On recueillit, dit-on, plus de douze cents pierres, « tombées en sifflant d'un tourbillon de feu, » et dont la plus grosse pesait cent vingt livres. Plusieurs d'entre elles furent portées à Milan et même présentées à la Gourde France. Or, c'est le 11 avril 1512 qu'eut lieu la bataille de Ravenne qui, malgré leur victoire, fut le signal du départ des Français. Que Jules II, le pape guerrier, ait vu dans le météore de Crema le signe céleste de la délivrance prochaine, voilà qui cadre bien avec toutes les idées du temps, et le tableau de Raphaël serait un *ex-voto* et une figure d'histoire naturelle, en même temps qu'un chef-d'œuvre de l'art.

Les superstitions relatives aux météorites sont de tous les pays et de tous les temps. Nos paysans, terrifiés de la chute, pourraient bien y voir, du moins en certaines provinces, une intervention du diable.

En revanche, les pierres ont souvent passé pour des talismans. Le 4 septembre 1886, des Cosaques, ayant assisté à la chute qui eut lieu à Novo Urey, près de Krasnoslobolsk, dans le gouvernement de Penza, se jetèrent sur la météorite, la mirent en poussière et en avalèrent le plus possible, croyant se garantir ainsi de toutes les maladies. La masse était grosse et la gloutonnerie de ces barbares ne put venir à bout du tout. Nous en possédons un spécimen au Jardin des Plantes de Paris. Le type est rare et précieux, et renferme dans sa substance des grains microscopiques de diamant.

Le magnifique bloc de fer météoritique découvert à Charcas, au Mexique, était considéré dans ce pays comme préservant de la stérilité les femmes qui lui rendaient un culte. Il pèse 780 kilogrammes et était enchâssé dans le mur de l'église de Charcas, d'où il fut extrait par nos soldats, lors de l'expédition du Mexique. Il est parmi les plus beaux échantillons du Muséum.

Les nègres ne pouvaient manquer de faire des fétiches des pierres tombées du ciel. Les Ashantis, dit-on, en révèrent un grand nombre dont chacune a son petit temple. Chez une autre peuplade, des voyageurs ont vu un aérolithe couvert de vêtements et de verroterie et considéré comme un dieu.

En Italie, à Vago, le 19 juin 1668, tomba une pierre dont le Muséum possède neuf grammes. La masse fut portée à l'église de Vérone et attachée avec une chaîne de fer.

Un certain nombre de pierres célestes sont de même enchaînées : tel est le cas de la pierre noire de la Mecque, — une météorite, très vraisemblablement. Celle qui tomba le 7 novembre 1492, devant l'empereur Maximilien, à Ensisheim, en Alsace, et dont notre grande collection nationale comprend un magnifique spécimen, fut enchaînée dans l'église de ce village jusqu'à l'époque de la Révolution. Ambroise Paré dans son *Traité des monstres*, écrit : « Boistuan raconte en ses *Histoires prodigieuses* qu'en Sugolie, située sur les confins de Hongrie, il tomba une pierre du ciel avec un horrible éclatement, le septième jour de septembre 1514, de la pesanteur de deux cent cinquante livres, laquelle les citoyens ont fait enclaver avec une grosse chaisne de fer au milieu de leur temple et se monstre avec une grande merveille à ceux qui voyagent par leur Province, chose merveilleuse que l'air ait pu soutenir une telle pesanteur. »

M. l'ingénieur E. Derennes fait mention d'un gros bloc de grès, à Gauchin-Légal, attaché sur la place par des chaînes de fer, parce qu'il avait la réputation de s'en aller pendant certaines nuits faire du grabuge dans le voisinage. Et de ce fait, M. Derennes conclut que, si les météorites sont enchaînées dans les lieux consacrés, c'est parce qu'on redoute de les voir partir, comme elles sont venues, d'une façon qu'on juge surnaturelle.

En face de ce dérèglement d'imagination, bien excusable chez des hommes dépourvus d'instruction, il est nécessaire de constater que les savants eux-mêmes ont erré bien longtemps dans l'interprétation du phénomène, et qu'après avoir accepté, comme les gens des campagnes, des affirmations sans preuve, ils ont été un moment unanimes à nier purement et simplement ce qu'ils ne pouvaient comprendre. L'erreur commise, si elle ne s'excuse pas complètement, a cependant ses raisons. Jusqu'à la fin du XVIIIe siècle, l'explication la plus raisonnable de la chute des pierres consistait à en faire l'une des formes de la foudre : les éclats de lumière et les détonations, traits essentiels des deux phénomènes, suffisaient pour qu'on les confondît. Lorsque la foudre, mieux étudiée, se révéla identique à l'immatérielle électricité, on en conclut qu'elle ne saurait se manifester par les blocs, souvent volumineux, que le langage populaire avait pris l'habitude de désigner sous les noms de pierres de foudre et de pierres de tonnerre. On en conclut qu'il ne tombe pas de pierres du ciel.

Une pierre étant tombée le 13 septembre 1768, l'Académie des sciences reçut de l'abbé Bachelay le résumé des dépositions faites par les témoins de la chute. Rien de plus net et de plus précis que ce récit, accompagné d'un fragment de la pierre :

« Il parut du côté du château de la Chevalerie, près de Lucé, petite ville du Maine, un nuage orageux dans lequel il se fit entendre un coup de tonnerre fort et sec, à peu près semblable à un coup de canon ; on entendit à la suite, dans un espace d'à peu près deux lieues et demie, sans apercevoir aucun feu, un sifflement considérable dans l'air, et qui imitait si bien le mugissement d'un bœuf, que plusieurs personnes y furent trompées. Enfin, plusieurs particuliers, qui travaillaient à la récolte dans la paroisse de

Périgné, à trois lieues environ de Lucé, ayant entendu le même bruit, regardèrent en haut et virent un corps opaque qui décrivait une ligne courbe, et qui alla tomber sur une pelouse, dans le grand chemin du Mans, auprès duquel ils travaillaient. Tous y accoururent promptement et trouvèrent une espèce de pierre dont la moitié environ était enfoncée dans la terre. Mais elle était si chaude et si brûlante qu'il n'était pas possible d'y toucher. »

Pour examiner le fait, l'Académie nomma une commission, dont était Lavoisier. Un rapport fut rédigé dans lequel le fondateur de la chimie, qui fut aussi l'un des promoteurs de la méthode scientifique, s'exprime en ces termes :

« Les *vrais physiciens*, dit ce curieux document, ont toujours regardé comme fort douteuse l'existence des pierres de tonnerre ; » voir le mémoire publié (soixante-douze ans auparavant) par Lemery.

Première erreur qui engage les commissaires dans une fausse route. Ils n'examinent pas s'il est tombé une pierre à Lucé et dans quelles conditions : ils se bornent à soutenir qu'il n'existe pas de pierres de tonnerre.

« Si l'existence des pierres de tonnerre a été regardée comme suspecte dans un temps où les physiciens n'avaient presque aucune idée de la nature du tonnerre, à plus forte raison doit-elle le paraître aujourd'hui, que les physiciens modernes ont découvert que les effets de ce météore étaient les mêmes que ceux de l'électricité. »

Le récit de l'abbé Bachelay n'arrête point les auteurs du rapport : leur idée préconçue les tient tout entiers. Ils font l'analyse de la pierre : « une espèce de grès pyriteux qui n'a rien de particulier, si ce n'est l'odeur hépatique qui s'en dégage pendant la dissolution par le sel marin. » D'où les commissaires concluent que la pierre en question *n'est point tombée du ciel*, et qu'elle n'a point été formée par des matières minérales mises en fusion par le feu du tonnerre. « L'opinion qui nous parait la plus probable, disent-ils, celle qui cadre le mieux avec les principes reçus en physique, avec les faits rapportés par M. l'abbé Bachelay et avec nos propres expériences, c'est que cette pierre qui, peut-être, était couverte d'une petite couche de gazon, aura été frappée par la foudre, et qu'elle aura ainsi été mise en évidence. »

La Commission ne faisait donc rien du témoignage des « particuliers qui travaillaient à la récolte. » Elle élimine arbitrairement tout ce qui contredit son hypothèse. Elle ne tient aucun compte du « corps opaque décrivant une courbe. » Si elle ne supprime pas le coup de tonnerre, c'est que le tonnerre était admis en physique.

Malgré l'interdiction de l'Académie, les pierres continuèrent à tomber du ciel, et ce fut un académicien, Biot, qui, en avril 1803, à propos d'une chute qui eut lieu aux environs de la ville de Laigle, dans l'Orne, proclama la réalité du phénomène. Il avait méthodiquement procédé à une longue enquête sur les lieux, entendu un grand nombre de témoins, et recueilli toutes les pierres qu'il put se faire remettre, et qui sont maintenant au Muséum d'histoire naturelle.

Il se trouverait encore aujourd'hui, probablement, des savants qui commettraient la méprise de Lavoisier. La cruelle leçon infligée par la réalité à la prétention de juger les faits à un point de vue abstrait, n'a pas porté les fruits de prudence qu'on pouvait espérer. Et c'est ainsi, pour citer un exemple entre mille, — nous le choisissons parce qu'il entre exactement dans notre sujet, — que des gens de science confondent encore actuellement les météorites avec les étoiles filantes, tout comme on les confondait au XVIIIe siècle avec le tonnerre. Cette fois encore, on juge sur l'apparence. Jadis on identifiait la détonation des bolides avec les éclats de la foudre ; maintenant, on rapproche la boule de feu, dont on oublie le fracas, avec le globe silencieux qui nous apporte périodiquement le résultat de la désagrégation spontanée des comètes.

Section I

L'histoire des météorites comprend un chapitre météorologique dont nous ne saurions faire abstraction sans compromettre la netteté de nos conclusions. D'ailleurs, les incidents dont s'entoure la venue de ces « messagères célestes, » comme on a quelquefois appelé poétiquement les météorites, méritent à plus d'un titre d'être rapidement résumés.

Le phénomène se produit tout à coup, sans aucun signe

précurseur : un globe de feu apparaît dans les hautes régions de l'atmosphère : c'est le *bolide*.

Quand ce météore n'a pas été signalé, c'est que sa présence était dissimulée, soit par des nuages épais, soit par l'éclat trop grand du soleil. Mais durant de belles nuits, la lumière du bolide est si éclatante qu'elle efface celle de la lune. Ce fut ce qui arriva le 24 juillet 1790, lors du bolide de Barbotan (Gers), le 19 décembre, pour celui de Bénarès (Inde), le 14 mai 1864, pour celui d'Orgueil (Tarn-et-Garonne), etc.

La couleur du globe de feu est diverse selon les cas. Ainsi, le bolide de Barbotan était d'un blanc blafard, celui de Saint-Mesmin (Aube), 30 mai 1866, rougeâtre, celui d'Orgueil, rouge, puis blanc.

La grosseur est assez difficile à estimer, voire pour le même météore vu par divers témoins, car cette apparence, dépourvue de tout point de repère, varie selon la situation de l'observateur. En général, comme pour Barbotan, le globe semble avoir le diamètre de la lune. L'éclat peut faire illusion sur la dimension véritable. Il est possible, à cause des phénomènes d'irradiation, que les bolides soient beaucoup plus petits qu'ils ne le paraissent.

Le bolide parcourt avec vitesse une grande étendue de ciel ; sa trajectoire est si peu inclinée sur l'horizon qu'elle paraît souvent presque horizontale.

La direction est très variable : le bolide d'Orgueil se mouvait du Nord-Ouest au Sud-Est ; celui de Charsonville (Loiret) (23 novembre 1820), du Nord au Sud ; celui de Weston, Connecticut (14 décembre 1807), de l'Est à l'Ouest ; celui de Laigle, du Sud-Est au Nord-Ouest ; celui de Bénarès, de l'Ouest à l'Est ; celui de Barbotan, du Sud au Nord, etc. La vitesse des bolides est en disproportion avec les plus grandes vitesses que puissent prendre les corps terrestres : elle semble être de 20 000 mètres à la seconde (70 000 kilomètres à l'heure), c'est-à-dire de l'ordre des vitesses planétaires. En effet, Mercure parcourt dans le même temps d'une seconde : 48 920 mètres ; Vénus, 35 780 mètres ; la Terre, 30 430 mètres ; Mars, 24 650 mètres.

On évalue à soixante-cinq kilomètres en moyenne la hauteur des bolides dans le ciel. Le colonel Laussedat, à l'aide d'une méthode ingénieuse, a trouvé que le bolide d'Orgueil a, durant sa trajectoire, été à des hauteurs qui ont varié de quatre-vingt-dix à quarante-cinq kilomètres.

C'est à cause de cette hauteur et de leur éclat que les bolides sont aperçus sur une très grande étendue de pays. Le bolide d'Orgueil a été vu par Adolphe Brongniart, de Gisors (Eure), c'est-à-dire à une distance de six cents kilomètres du lieu de la chute. Le bolide du 30 mai 1866, qui a éclaté dans l'Aube, a répandu sa lumière sur un rayon de quatre-vingt-cinq kilomètres.

Le bolide, en suivant sa trajectoire, laisse derrière lui une traînée souvent d'un grand éclat et persistant parfois durant plusieurs minutes. La coloration et la forme en sont variables. D'ordinaire, c'est une queue plus ou moins allongée et grossièrement triangulaire ou globuleuse. Le bolide que l'on vit à Boulogne-sur-Mer, le 20 juin 1866, était suivi d'une nébulosité contournée en hélice et ressemblant à un énorme tire-bouchon.

Au bout de sa trajectoire, qui est plus ou moins étendue, le bolide fait explosion et se divise en plusieurs éclats projetés dans diverses directions. Le bruit, qui met plusieurs minutes pour parvenir aux spectateurs, est formidable : le fracas de la chute de Laigle retentit à plus décent vingt kilomètres ; celui de la chute d'Orgueil à plus de trois cent soixante. Cette vibration énorme se produit pourtant dans des régions de l'atmosphère où l'air, extrêmement raréfié, se prête mal à la propagation du son.

L'explosion est rarement simple. On entend d'ordinaire un certain nombre de détonations qui font penser à des décharges d'artillerie et qui sont accompagnées ou suivies d'un roulement comparé, tantôt à celui d'une voiture lourdement chargée, tantôt à un feu de peloton parfois très prolongé, avec des renforcements et des affaiblissements successifs.

On a cherché longtemps la cause de l'incandescence et du bruit des bolides. On rapporta d'abord réchauffement au frottement de l'air. Mais Regnault et, à sa suite, Govi, de Turin, démontrèrent que le frottement des gaz contre les bolides n'y développe pas de chaleur sensible, même dans les conditions les plus favorables. Delaunay adopta l'idée, déjà émise par Haidinger, que l'échauffement résulte de la compression infligée par le bolide aux particules atmosphériques. Divers savants attribuèrent l'incandescence du bolide à la destruction de sa force vive au moment où il traverse l'air. Mais le calcul appliqué à des questions aussi compliquées conduit à des conséquences évidemment fausses : relativement au bolide d'Orvinio, M. Ferrari arriva à trouver que la destruction de la force vive avait dû développer une température de 1 936 931 degrés centigrades ! En outre, si telle était en effet l'origine de la température développée, celle-ci devrait se produire également dans toute la masse de la météorite, qui conserverait des traces de cet énorme échauffement. Or, l'étude directe nous a prouvé que l'échauffement est exclusivement superficiel.

En effet, l'écorce noire qui recouvre les météorites est le fait de l'échauffement atmosphérique. La constance de cette croûte est l'un des caractères qui permettent de distinguer tout d'abord une pierre céleste d'une roche terrestre.

Aussi, au moment de leur chute, les météorites sont généralement beaucoup trop chaudes pour qu'on puisse y toucher avec la main. Mais, comme nous venons de le dire, cette chaleur est localisée à la surface, et l'intérieur est, au contraire, remarquablement froid, à en juger d'après deux observations des plus dignes de foi. Agassiz raconte que, lors de la chute qui eut lieu à Dhurmsalla (Inde), le 14 juillet 1860, les pierres fumantes ayant été brisées par les assistants, ceux-ci furent bien surpris d'en trouver l'intérieur si froid qu'on n'en pouvait supporter le contact sans une vive douleur : c'était à la lettre comme la *glace frite* que les Chinois ont inventée bien avant nos cuisiniers. D'un autre côté, M. Bombicci, dans sa notice sur les météorites tombées, le 16 février 1883, à Alfianello, près de Brescia, en Italie, constata que la surface d'une cassure faite immédiatement était extrêmement froide. Cette basse température interne semble bien être le résultat du long séjour des masses météoritiques dans l'espace interplanétaire qui, d'après les physiciens, doit être, au plus, à cinquante degrés au-dessous de zéro.

Le nombre des pierres d'une même chute est fort variable ; qu'on en juge d'après quelques exemples.

On n'a ramassé qu'une seule masse après les chutes de Lucé, en France (1768), de Wold-Cottage, en Angleterre (1795), de Salles (Rhône) (1798), d'Apt (Vaucluse) (1803), de Chassigny (Haute-Marne) (1815), de Juvinas (Ardèche) (1821), de Vouillé (Vienne)

(1831), de Château-Renard (Loiret) (1841), de Braunau (Bohême) (1847), etc. On en a trouvé deux à Agram (Croatie) (1741) ; une dizaine à Toulouse (Haute-Garonne) (1812) ; une centaine à Orgueil (Tarn-et-Garonne) (1864) ; un millier à Knyahinya (Hongrie) (1866) ; trois mille environ à Laigle (Orne) (1803). On a évalué à cent mille le nombre des pierres qui se sont abattues ensemble sur Pultusk, en Pologne, le 30 janvier 1868. Le Muséum d'histoire naturelle a possédé jusqu'à neuf cents spécimens de cette dernière chute, et un marchand de minéraux, plus de deux mille. En 1882, il y eut à Mocs, aussi en Transylvanie, une chute de blocs fort nombreux.

La vitesse des météorites durant leur chute n'a aucun rapport avec celle des bolides. Le plus souvent, les pierres ne sont pas même fracturées par leur choc sur le sol. Or, comme les anciens boulets de canon en pierre se brisaient contre tous les obstacles durs qu'ils rencontraient, on peut en conclure que la vitesse des météorites est moindre que celle de ces boulets. Cependant, il est des cas où la projection eut assez de force pour que la pierre pénétrât dans la terre. Celle qui est tombée à Aumale, en Algérie, le 25 août 1865, creusa un trou profond, et l'une de celles de Knyahinya en Hongrie, du 9 juin 1866, pénétra de quatre mètres sous le gazon. La pierre de Tadjera (Algérie) (9 juin 1867) creusa à la surface du sol un sillon d'un kilomètre de longueur ; et la météorite de Sauguis-Saint-Etienne (Basses-Pyrénées) (7 septembre 1868) se réduisit en d'innombrables débris n'ayant guère plus d'un centimètre cube en moyenne.

Naturellement, les météorites ont parfois causé des accidents graves, tué des hommes et des animaux, cassé des arbres, défoncé des toits. On les a accusées d'avoir déterminé des incendies ; mais la chose n'a jamais été bien prouvée : à moins de frapper sur certaines substances particulièrement inflammables, leur température n'est pas assez élevée pour allumer les corps sur lesquels elles tombent.

Lorsqu'une chute comprend un grand nombre de météorites, la résistance de l'air qui leur est opposée influe sur la manière dont elles se dispersent à terre. Les pierres sont distribuées sur une ellipse allongée dont l'axe répond à la projection sur le sol de la trajectoire, et dans laquelle elles sont pour ainsi dire triées par ordre de grosseur. Les plus volumineuses sont à un bout, les petites à l'autre, et les moyennes entre ces deux situations. Les météorites ne sont donc pas seulement des éclats faits dans l'atmosphère aux dépens d'un corps volumineux : elles sont avant tout des débris circulant dans le ciel comme feraient des charrois de gravats.

La surface couverte par les éclats de la météorite de Pullusk en Pologne (30 janvier 1868) était de seize kilomètres environ de longueur sur 3 kilomètres de largeur maxima. D'après le témoignage des paysans, la distance relative des pierres tombées en quantité sur la surface glacée de la rivière était de vingt à trente mètres environ.

Section II

Ceux qu'intéressent les roches célestes devront aller voir, au Jardin des Plantes, la collection de météorites du Muséum d'Histoire naturelle, qui comprend des milliers d'échantillons provenant d'environ trois cents chutes. Certaines masses pesant des centaines de kilogrammes, on aura une idée de la valeur matérielle de cette collection, quand on saura que les fers météoritiques se payent de un à cinq francs le gramme, les pierres de deux à vingt-cinq francs.

Mais cette valeur matérielle est d'un intérêt bien secondaire quand on envisage tout ce que nous enseignent des substances venues de l'espace. C'est avec une véritable émotion qu'on les manipule pour la première fois. Aussi est-on surpris de l'indifférence de certains savants à l'égard de ces visiteuses d'en haut, sur lesquelles ils se livrent d'ordinaire à des expériences banales, sans chercher à pénétrer leur histoire.

Parmi les météorites, les unes sont des masses compactes de fer (Sidérites), les autres sont des pierres ordinairement plus ou moins blanches, parfois grises et même noires, assez faciles à désagréger (Lithites), et ces deux types se rattachent l'un à l'autre par des intermédiaires très nombreux (Lithosidérites).

Pour apprécier la structure dessidérites ou fers, il faut avoir recours au moyen d'étude connu sous le nom de procédé de Widmannstætten, du nom de son inventeur, qui était, au commencement du XIXe siècle, professeur à l'Université de Wittenberg.

L'expérience consiste à faire, sur un fer ou à travers sa masse, une surface plane et polie, puis à la soumettre à l'action d'un acide, acide chlorhydrique par exemple. Au lieu de s'attaquer uniformément, comme ferait le fer terrestre, le métal céleste laisse apparaître souvent un réseau admirablement dessiné, qui doit son origine à ce que divers alliages, inégalement attaquables, occupent les uns vis-à-vis des autres des situations très régulières. Les fers météoritiques ne donnent pas tous les mêmes figures, et c'est d'après la diversité des images ainsi obtenues qu'on a déterminé et caractérisé les vingt-deux types de sidérites actuellement exposés au Muséum.

L'expérience de Widmannstætten permet de reconnaître, comme étant d'origine céleste, des masses de fer trouvées dans des pays très divers et tombées du ciel à des époques inconnues. La chute des sidérites qui s'est renouvelée plusieurs fois dans ces derniers temps a été bien moins souvent observée que celle des lithites ; mais la certitude de leur origine n'en est pas moins incontestable, leurs caractères de structure et de composition n'étant présentés par aucune roche terrestre.

Quatre types de sidérites suffiront à donner une idée exacte le ce groupe.

La *Caillite* se signale par la beauté de ses figures, par le nombre et le volume de ses masses. Elle tire son nom d'un bloc de 625 kilogrammes, qui est un des plus beaux échantillons de la collection du Jardin des Plantes. Ce bloc découvert, en 1828, par le naturaliste Brard à la porte de l'église du petit village de Caille, dans le département actuel des Alpes-Maritimes, était connu sous le nom de *Pierre de fer*, et l'on racontait, mais sans précision, qu'il était tombé une centaine d'années auparavant, pendant un très violent orage, au bruit du tonnerre. Il avait éveillé l'attention et la convoitise des forgerons et des maréchaux ferrants qui avaient essayé de l'utiliser : on y voit la trace de leurs outils. Des coups de marteau ont aplati le métal en maints endroits ; des entailles de ciseaux ont enlevé un lopin de métal et permis de se rendre compte de la structure interne du bloc. La surface ainsi mise à nu, par une véritable déchirure, présente une série de triangles équilatéraux parfaitement réguliers et qui révèlent l'état éminemment cristallin de la météorite.

Une section plane pratiquée pour prélever de la substance en vue des analyses et des échanges avec les musées étrangers, et afin de réaliser sur le bloc même l'expérience de Widmannstætten, a montré des cavités cylindroïdes, places laissées vides par la disparition de rognons d'un sulfure de fer particulier appelé *troïlite*, qui a contribué à éclairer l'origine des fers dans lesquels il est enchâssé.

Les figures sont remarquables par leur régularité et par la coexistence de trois alliages de fer et de nickel auxquels elles sont dues : leur solubilité dans les acides étant très inégale d'un alliage à l'autre.

Un nombre considérable de blocs tombés en des lieux très divers appartiennent à la Caillite. L'un d'eux est ce fer de Charcas dont nous avons déjà parlé. Un autre, un bloc pyramidal de 105 kilogrammes, a été recueilli dans des conditions tout à fait exceptionnelles, en novembre 1866, dans la plus haute région des Andes du Chili, par un explorateur, don Lisara Fonseca, en quête de mines de métaux précieux. Trompé par l'aspect du bloc et par sa densité, ce voyageur, — extrêmement fatigué lui-même et n'ayant plus à son service, après trois mois de recherches pénibles, que des compagnons et des mulets exténués, — fit des prodiges pour rapporter la masse, qu'il croyait d'argent, jusqu'à la ville de Nantoco, dans la vallée de Copiapo, où sa nature ferrugineuse fut reconnue, à la grande déception de don Fonseca. Le gouvernement chilien, après avoir fait figurer cette magnifique météorite à l'Exposition Universelle de 1878, en a fait don au Muséum.

Le second des types que nous avons choisis, la *Bendegite*, donne par l'expérience de Widmannstætten des figures essentiellement différentes de celles de la Caillite, ne montrant à peu près qu'un seul alliage au lieu de trois, disposé sur les sections polies en forme de poutrelles relativement grosses et longues. Les fers formés de bendegite sont peu nombreux ; mais celui qui gisait dans une forêt vierge du Brésil à Bendego, où il fut vu dès 1784, est vraiment un magnifique échantillon. Il pèse 5 000 kilogrammes. En 1811, le voyageur Mornay en reconnaissait la nature météoritique. On ne le transporta au musée de Rio de Janeiro qu'en 1888, à travers 300 kilomètres de forêts inextricables, de marécages et de ravins. Le voyage coûta plus de cent mille francs, dont la moitié fut fournie par un particulier.

Le type *Arvaïte* est ainsi nommé parce que l'un des spécimens les mieux étudiés a été découvert à Arva, en Hongrie. Il comprend de nombreuses masses découvertes à des époques très diverses en Europe, en Amérique, en Australie. Avant toute action des acides, une surface polie montre déjà une structure rappelant les figures de Widmannstætten. Cet effet tient à la présence en quantité exceptionnellement considérable, sous la forme de cristaux argentins mal formés, d'un minéral caractéristique, qui est comme noyé dans l'alliage de fer et de nickel. Ce minéral, dédié au naturaliste Schreibers, consiste en un phosphure de fer avec nickel et magnésium. Avec lui se trouve toujours du graphite en lamelles ou en nodules. Les spécimens d'Arvaïte, très nombreux et parfois volumineux qui jonchaient le désert de Canon Diablo, dans l'Arizona, renferment de petits grains de diamants nettement cristallisés.

L'*Ieknite* est un type rare, représenté au Muséum par un admirable petit fer de la grosseur du poing, en forme de larme, qui, un peu avant 1889, est tombé devant des Arabes, dans le Sud saharien. La figure donnée par l'Ieknite consiste en très fines aiguilles d'un blanc argenté, sur un fond général gris, finement grenu et rappelant l'acier.

Les Lithites comprennent une trentaine de types de roches parfaitement distinctes et dont l'étude chimique et minéralogique a été faite de la façon la plus complète. Ces types sont d'abondance très inégale. Certains d'entre eux ne sont représentés que par quelques chutes, d'autres par des centaines.

L'*Aumalite*, dont une variété est la *Lucéite*, est une roche d'un gris très clair, presque blanc, à cassure rude, rappelant le trachyte. Les minéraux constituants sont, avant tout, des silicates magnésiens appartenant aux espèces minéralogiques dites péridot, pyroxène et enstatite, puis des composés métalliques en fine grenaille, alliages de fer et de nickel rappelant les sidérites. On comprend que les deux noms de ce type viennent des chutes d'Aumale et de Lucé dont nous avons déjà parlé. La météorite de Wold Cottage (13 décembre 1794) leur est exactement pareille. On peut citer en outre de nombreuses régions : Europe, Etats-Unis, Inde, Honolulu, etc, comme ayant reçu du ciel des échantillons de la même roche.

La *Montréjite* ne se distingue du type précédent que par sa structure entièrement globulifère, c'est-à-dire composée de petites boules pierreuses appelées chondres et agglutinées ensemble plus ou moins fortement.

Le nom a été fourni par les météorites tombées à Montréjeau, dans la Haute-Garonne, le 9 décembre 1858 ; mais le type concerne une foule d'autres chutes intéressantes.

La *Tadjévite* a une composition bien voisine de celle des roches précédentes, mais elle tranche avec elles de la façon la plus nette par la nuance d'un noir profond de sa pâte. Nous aurons à y revenir, dans un moment.

La *Chassignite*, dont ne connaît qu'un seul échantillon tombé, à Chassigny (Haute-Marne), en 1815, se signale par la ressemblance de sa constitution avec certaines roches terrestres. On n'y trouve pas ce fer métallique nickélifère qui figure comme élément essentiel dans toutes les espèces précédentes, et son minéral caractéristique est le péridot. Par son aspect comme par sa structure, la Chassignite ressemble intimement à la dunite, qui forme à la Nouvelle-Zélande toute une chaîne de montagnes et dont les basaltes de bien des pays contiennent des enclaves.

L'*Eukrite*, formée de cristaux enchevêtrés, les uns de pyroxène augite et les autres de feldspath anorthite, et qui ressemble par l'aspect à certaines variétés de dolérite, reproduit, jusque dans les détails, des roches volcaniques terrestres.

Signalons aussi les météorites charbonneuses qui ont pour types les roches appelées *Orgueillite* et *Bokkevelite* (ce dernier nom venant de la chute de 1838, à Cold Bokkeweldt, au cap de Bonne-Espérance).

La substance des météorites charbonneuses est noire, tendre et friable, tachant les doigts comme ferait de la tourbe dont la rapproche aussi sa forte teneur en matière charbonneuse. Pourtant on ne saurait la comparer à un sol arable ou à un produit de décomposition organique. L'Orgueillite ressemble plutôt aux matières charbonneuses que rejettent les volcans.

Les chutes de météorites charbonneuses sont rares. Les fragments se désagrègent au contact de l'eau. Il en résulte que si le bolide d'Orgueil, par exemple, au lieu d'arriver par un ciel serein, avait traversé une atmosphère chargée d'humidité, il aurait fourni de la poussière au lieu de pierres, et, avec une autre proportion d'eau, de la boue. Ces conditions ont été plus d'une fois réalisées et ainsi s'expliquent des chutes de poussières et de matières visqueuses observées à la suite des phénomènes lumineux et «sonores dont s'accompagne toujours la chute des météorites.

Parmi les lithosidérites, nous citerons seulement ici l'*Esthervillite* et la *Logronite*, ayant à nous occuper plus loin d'autres types remarquables.

L'Esthervillite est tombée le 19 mai 1879, à Estherville, dans l'Iowa, aux Etats-Unis, mitraillant le sol de milliers de projectiles. La plupart étant éparpillés dans des prairies inondées, ce fut seulement quelques mois plus tard qu'on put rechercher les échantillons, et toute la population se livra à ce nouveau genre d'exploitation qui fut très productif. Outre de la grenaille, on recueillit une masse de plus de 200 kilogrammes dont on peut voir le tiers environ au Muséum, les deux autres tiers étant l'un au Hof Museum de Vienne, et l'autre au British Museum de Londres. La roche se compose d'une pâte de minéraux lithoïdes très abondants, renfermant de volumineuses grenailles de fer, tuberculeuses et ordinairement rattachées ensemble par des filaments métalliques constituant un réseau. Les petits échantillons sont quelquefois fort différents les uns des autres ; pendant qu'un grand nombre présente la même constitution que la grosse masse, il en est qui sont entièrement pierreux et d'autres entièrement métalliques, de sorte qu'à première vue, si l'on n'était prévenu, on pourrait les supposer formés de roches distinctes.

La *Logronite*, tombée à plusieurs reprises, tire son nom de la chute du 4 juillet 1842, à Logroño, en Espagne. La trouvaille la plus remarquable de pierre de ce type fut faite à la Sierra de Chaco, au Chili : nous y reviendrons. La Logronite diffère de l'Esthervillite par sa composition minéralogique : c'est une roche de structure gréseuse dont les grains sont de nature très variée et que cimente entre eux une concrétion métallique formée d'alliages de fer et de nickel.

Section III

Il ne saurait entrer dans le plan du présent article de décrire la composition intime des météorites. Disons seulement que de nombreux minéralogistes se sont consacrés à leur étude et que leurs recherches ont montré que, malgré la distance, — d'ailleurs non mesurable, faute de données, de leur gisement originel, — et bien que présentant des caractères tout à fait spéciaux, les pierres tombées du ciel sont formées des mêmes éléments chimiques que les roches terrestres.

C'est là un point d'une portée considérable. Il vient appuyer d'une manière décisive le principe fondamental d'unité de composition de tout l'univers physique, déjà étayé de preuves si frappantes par l'analyse spectrale.

Du même coup, se trouve contrôlée dans une large mesure la célèbre théorie cosmogonique de Laplace et de Kant, selon laquelle tous les membres de notre système solaire sont sortis d'une même masse nébuleuse originaire, dont le Soleil est le résidu actuel.

Il faut se hâter d'ajouter que si les éléments chimiques des météorites sont, sans exception, des matériaux déjà représentés dans la substance essentielle de la Terre, beaucoup de roches terrestres manquent cependant parmi les masses tombées du ciel. Ce sont spécialement les roches stratifiées, c'est-à-dire celles qui se sont déposées dans les bassins aqueux et qui peuvent renfermer des vestiges, dits *fossiles*, d'animaux et de végétaux.

Peut-être y aurait-il lieu d'insister sur cette circonstance qui a déçu, au moins jusqu'ici, l'espérance de comparer aux êtres qui ont vécu sur la Terre, d'autres manifestations des forces biologiques exercées sur d'autres points de l'espace. Mais les conclusions formelles à cet égard seraient prématurées, et nous n'avons pas le droit de déclarer qu'une découverte du genre de celle que nous n'avons pas faite encore est impossible. Trop de fois les limites qu'on a voulu opposer à la science ont été renversées par des découvertes inopinées : nous devons donc user ici de la plus grande prudence.

Pour nous en tenir au résultat actuel des observations, les types de roches météoritiques ont surtout leurs analogues dans la géologie terrestre parmi les formations les plus anciennes, celles qui, vraisemblablement, ont pris part à la constitution de la croûte pierreuse et métallique initiale de notre globe. De cette croûte primitive, dont l'histoire est d'un si puissant intérêt, nous savons bien des choses qu'il n'est pas inutile de rappeler en quelques mois. Sa substance constituante s'est révélée par un certain nombre de spécimens qui nous ont été apportés à la surface de la terre, grâce à certains mouvements orogéniques et grâce aussi à l'éruption de diverses laves volcaniques plus ou moins anciennes.

Il faut remarquer que ce qui peut rester de la croûte initiale est maintenant recouvert par les dépôts plus récents, accumulés au cours des âges, les éléments du noyau primitif s'étant consolidés à l'intérieur par suite des progrès du refroidissement. En certaines régions, les déplacements du sol, consécutifs à la contraction de la masse chaude interne, ont déterminé le soulèvement de lambeaux de cette zone jusqu'à la surface subaérienne, et c'est ce qui paraît avoir eu lieu en Nouvelle-Zélande pour les Dunn-Mountains. Des échantillons des mêmes assises ont été retrouvés dans les laves de volcans maintenant éteints comme ceux d'Auvergne el, par l'illustre Nordenskjöld, au prix de grandes difficultés, dans ceux du Groenland. Or, les météorites les plus fréquentes trouvent leurs correspondants parmi les matériaux de profondeur : les fers météoritiques ont beaucoup d'analogies avec les blocs métalliques que Nordenskjöld a recueillis dans l'île de Disko et dont on peut voir des fragments au Museum ; et les pierres proprement dites ressemblent, par leur richesse en magnésie silicatée et par de nombreux traits de leur structure, aux « enclaves » du basalte du Puy-en-Velay et de régions analogues. Chose curieuse, ces roches si comparables que nous fournissent en même temps les profondeurs du ciel et les profondeurs de la terre, paraissent être en voie de formation actuelle dans la zone du Soleil dite *photosphère*, point de départ de la radiation calorifique, lumineuse et chimiquement active, qui fait de notre astre central le moteur de toute vie à la surface de notre globe.

Tandis que le merveilleux appareil connu sous le nom de spectroscope nous permet de reconnaître dans cette photosphère l'étoffe même des météorites, qui est en même temps celle de nos roches initiales, l'examen des conditions physiques du Soleil nous révèle les circonstances principales, vérifiées par la méthode expérimentale, dans lesquelles ces divers matériaux ont pris naissance. Le sujet est, comme on le voit, d'une importance trop grande pour que nous ne nous y arrêtions pas un instant.

Il résulte des études des astronomes que si le Soleil est lumineux, c'est parce qu'ayant été bien plus chaud qu'il n'est à présent, il se refroidit d'une manière continue. Son refroidissement, en effet, a amené une partie des matières gazeuses, qui le constituaient seules à l'origine, à prendre l'état solide, c'est-à-dire à passer brusquement à l'état d'un véritable givre, bien qu'alors la température soit encore voisine vraisemblablement de 2 000 degrés.

Tout le monde sait que les gaz, même fortement chauffés, sont extrêmement peu lumineux, mais qu'il suffit d'y projeter une poussière solide pour les rendre aussi brillants qu'ils l'étaient peu. C'est ce qui a lieu dans le Soleil et on peut ajouter que les *taches* qui existent à sa surface n'ont pas d'autre cause que le réchauffement subi par telle ou telle partie de la photosphère qui, localement, reprend son état gazeux, c'est-à-dire redevient sombre. Hervé Faye a publié à cet égard des observations de première valeur.

D'un autre côté, il est relativement facile d'obtenir dans le laboratoire la reproduction de tous les minéraux constitutifs des météorites, aussi bien que des roches terrestres profondes, par des réactions déterminant, à la température rouge, entre des gaz ou des vapeurs, des précipitations brusques de substances convenablement associées.

Voilà donc un premier fait acquis, et il convient d'autant mieux de le constater sans ambiguïté que nous aurons à tabler sur lui pour établir nos conclusions : les mêmes conditions générales, en agissant sur les mêmes éléments, ont déterminé les mêmes productions rocheuses, qu'elles aient agi sur le Soleil à l'époque actuelle, à la surface de la terre dans un temps voisin de son origine, ou même dans le milieu (à déterminer, si faire se peut) où les météorites ont pris naissance.

Après l'unité de composition chimique de l'Univers, il y a donc là un premier aperçu d'une unité de condition géologique qui mérite de fixer l'attention. D'autant que, comme nous espérons le démontrer tout à l'heure, c'est la méthode géologique qui seule peut arracher aux roches tombées du ciel le secret de leur histoire,

— à côté de laquelle ont passé longtemps beaucoup de naturalistes qui n'ont guère dépassé les limites d'une analyse chimique et minéralogique de ces corps si difficiles à interpréter.

Section IV

Laplace et Kant voient dans le Soleil et dans son cortège planétaire le résultat de la segmentation spontanée d'une nébuleuse initiale, en proie à la seule force d'attraction exercée sur toutes ses molécules constituantes par son propre centre de gravité. Cette notion, qui fait sentir vivement la majestueuse simplicité des moyens mis en œuvre par la Nature pour réaliser les produits les plus variés, a été vérifiée de diverses manières et de la façon la plus décisive, par exemple par la comparaison de trois des membres du système solaire sur lesquels nous pouvons avoir le moins difficilement des documents précis : la Terre et les planètes qui sont ses voisines les plus immédiates, Vénus et Mars.

Pour que les très courtes explications relatives à ce sujet ne laissent aucune obscurité, il nous suffira de rappeler que toutes les planètes circulent autour du Soleil dans des orbites comprises dans le même plan et parallèles entre elles ; que Vénus est plus rapprochée que la Terre du Soleil, et que Mars, au contraire, en est plus éloigné.

Comme, d'après la théorie cosmogonique acceptée, les planètes se sont isolées successivement et que la segmentation du système a commencé par la périphérie de la nébuleuse primitive, pour gagner progressivement ses régions intérieures, on peut dire que Mars est plus âgé que la Terre, et que celle-ci est plus âgée que Vénus.

D'un autre côté, ces trois globes ayant les analogies mutuelles les plus intimes, au point de vue du volume et des conditions générales qui leur sont faites, on peut les considérer comme trois individus inégalement âgés d'une même espèce, et dès lors il y a lieu de se demander si une évolution commune n'a pas imprimé sur eux des traces différant simplement les unes des autres par le temps qu'elles ont mis à se produire. S'il en est ainsi, nous pouvons espérer pénétrer dans le secret du développement planétaire et par-là contempler les plus grandes harmonies du monde. On va voir la part que les météorites ont prise dans cette étude. En prenant la Terre, relativement si bien connue, comme terme de comparaison, nous devons, en premier lieu, rechercher en quoi Mars lui ressemble ou en diffère, et ce sera, dans une certaine mesure, comme si nous pouvions dévoiler l'avenir réservé à notre propre planète.

Grâce à sa proximité plus grande au moment des oppositions, et comme il est arrivé en 1909, l'observation de Mars est relativement facile et on est renseigné dès aujourd'hui sur beaucoup de points qui concernent sa géographie physique. Celle-ci ressemble à la nôtre par un grand nombre de détails ; elle comprend des terres fermes et des océans enveloppés dans une atmosphère. On y distingue des montagnes. On a cru voir dans les mers des phénomènes analogues à ceux de nos propres océans, par exemple l'élargissement et le rétrécissement alternatif et saisonnier des calottes de glace autour des pôles. De son côté, l'atmosphère martiale se comporte comme la nôtre ; on y voit des nuages tantôt dans une région, tantôt dans une autre, et l'on a même cru reconnaître des mouvements d'ensemble rappelant nos grandes tempêtes tournantes. Le savant M. Lowell, directeur de l'Observatoire américain qui porte son nom, n'hésite pas, dans un travail récent, à voir sur la planète Mars des traces de végétation.

Toutefois, Mars contraste avec la Terre par plusieurs faits de haute signification. L'atmosphère y est beaucoup plus mince que chez nous : le fait est démontré par des phénomènes optiques de constatation facile. En outre, les continents occupent sur Mars une surface relative bien plus faible que sur notre globe et qu'on peut évaluer à la moitié de la superficie. Enfin les montagnes n'y dépassent guère 3 000 mètres d'altitude, alors que les nôtres comptent des géants de près de 8 000 mètres.

Ces comparaisons se complètent par l'étude de Vénus qui, à l'inverse de Mars, est, d'après Laplace, plus jeune que la Terre, et dont les caractères doivent reproduire ceux que notre planète a présentés dans le passé. Ici, malgré des difficultés spéciales qui tiennent à ce que Vénus n'est en opposition, c'est-à-dire bien éclairée par le Soleil, qu'à une distance de nous égale à la somme des rayons des deux orbites concentriques, on y a reconnu encore le type de structure présenté par Mars comme par la Terre : des mers, des continents, et une enveloppe atmosphérique, mais épaisse, cette fois, au point de gêner les observations télescopiques. La mer, beaucoup plus étalée, occupe les quatre cinquièmes de la surface. Les parties continentales sont hérissées de montagnes qu'on voit très bien lors des *phases* de la planète et qui, d'après les estimations des astronomes, atteindraient une douzaine de kilomètres.

Donc, de même que la Terre occupe dans l'espace une situation intermédiaire entre celle de Mars et celle de Vénus, de même elle se classe entre ces deux astres, si analogues au fond, par l'épaisseur de son atmosphère comme par l'étendue relative de ses océans et de ses continents. Plus âgée que Vénus et plus jeune que Mars, elle semble avoir atteint un degré d'évolution transitoire entre le degré où en est encore Vénus et celui où Mars est parvenu. En proie au refroidissement continu, Vénus absorbe peu à peu ses océans, au fur et à mesure de l'épaississement de sa croûte solide. Elle finira par être dans les conditions de la Terre actuelle, puis elle les dépassera pour parvenir au point où nous observons Mars.

C'est là une suite bien intéressante apportée à l'histoire des origines qui seule a occupé Laplace. Il est d'autant plus permis de l'accepter comme légitime que l'observation du ciel lui procure une conclusion d'une singulière portée.

Il se trouve, en effet, que notre satellite, — la Lune, — possède un ensemble de caractères qui conviennent à un astre encore plus avancé en développement que Mars, où continuent de subsister des restes importants des fluides initiaux, atmosphère et océans. Sur la surface de la Lune, les recherches les plus minutieuses n'ont fait apercevoir aucune trace de vapeurs ou de gaz, et il semble bien, malgré des informations lancées de temps en temps dans la presse et qui n'ont aucune base sérieuse, que cette notion soit définitive.

On s'explique d'ailleurs aisément que la Lune, bien qu'elle gravite avec la Terre, c'est-à-dire dans des régions du ciel plus voisines du Soleil que celles où se développe l'orbite de Mars, ait cependant atteint un degré d'évolution plus avancé que celui de ce dernier. Son volume, beaucoup plus faible, a, d'après les lois du refroidissement, précipité les étapes de ses transformations successives. Il n'y a pas à supposer un seul instant que notre satellite ait été de tous temps privé d'enveloppes aériformes, car les phénomènes volcaniques, essentiellement liés à l'intervention des vapeurs et des gaz, y ont laissé des vestiges éloquents. La Lune peut à bon droit passer pour la masse la plus essentiellement volcanique que nous soyons à même d'observer, et la dimension de ses cirques, la hauteur de ses poussées éruptives, le volume de ses coulées, la surface de ses champs de cendres, ne laissent aucun doute sur la violence des explosions dont elle a été le théâtre. Il faut donc admettre que le refroidissement séculaire qui, chez nous, épaissit chaque jour la croûte du globe, et permet une pénétration de plus en plus profonde des eaux et des gaz appelés par capillarité dans les régions souterraines, a atteint une proportion assez considérable pour que les mers et l'atmosphère aient été définitivement *bues* par le sol. Dans la série évolutive mentionnée tout à l'heure et restreinte à quelques types convenablement choisis, le premier rang étant accordé à Vénus, le second à la Terre, le troisième à Mars, nous sommes conduits à donner le quatrième à la Lune.

Mais il y a plus encore : la face de notre satellite laisse voir un autre témoignage de sa dessiccation totale. C'est un système de véritables crevasses du sol, que les astronomes qualifient de *rainures* et dont les premières ont été signalées par Schroetter, à la fin du XVIIIe siècle. On en connaît maintenant des milliers. Les dernières photographies, prises à l'Observatoire de Paris par M. Lœwy, permettent de les étudier en détail. Elles constituent de véritables fendillements sur la signification desquels tout le monde est maintenant d'accord.

Or, c'est là l'origine et le premier terme d'une série de phénomènes qui se sont développés davantage dans certaines régions du ciel et qu'on a décrits sous le nom de *rupture spontanée des astres*.

Naturellement, cette rupture se produit dans des régions du système solaire extérieures à l'orbite de Mars et qui présentent des particularités extrêmement remarquables.

La prétendue *loi de Bode*, formulée en 1778, qui rattache à une progression géométrique la série des distances croissantes, de Mercure à Uranus, des planètes au Soleil, comportait une lacune tout à fait singulière, entre l'orbite de Mars et l'orbite de Jupiter. C'est seulement au premier jour du XIXe siècle, le 1^{er}janvier 1801, que Piazzi, astronome de Palerme, découvrit Cérès à la place vide.

Toutefois, le volume vraiment infime de ce corps céleste, comparé à celui des autres planètes, avait de quoi surprendre. Aussi regarda-t-on comme une sorte de compensation la présence tout au voisinage de trois autres masses découvertes successivement en 1802 par Olbers (c'est Pallas), en 1804 par Harding (c'est Junon), et en 1807, encore par Olbers (c'est Vesta). Et le célèbre astronome de Brème, par une intuition qui tient du génie, émit l'avis que ces quatre planètes doivent être les débris séparés d'un corps jadis unique. La suite est venue confirmer cette vue, en multipliant les découvertes d'astéroïdes qui, après un intervalle de trente-huit ans pendant lequel on ne trouva rien, se sont si bien succédé de 1845 à nos jours, que maintenant le nombre total des planètes gravitant entre les orbites de Mars et de Jupiter est de plus de 600. Ces planètes sont si petites que, malgré leur nombre, elles ne formeraient pas, par leur réunion, un corps d'un diamètre supérieur au vingtième de celui de la Terre ; quant à son volume, il serait de huit à neuf mille fois plus petit que celui de notre globe. On peut croire, en outre, qu'on est encore loin d'en avoir fait le recensement complet.

Il faut noter à cette occasion que le refroidissement spontané des astres doit convertir la bulle fluide qui les constitue à l'origine en une coque solide, mais creuse, et plus ou moins épaisse. Le volume des débris de celle-ci, accumulés sans interstices, serait dès lors beaucoup plus petit que celui de la coque elle-même.

D'un autre côté, rien n'est moins sûr que la sphéricité de ces astres et même on y a constaté des variations considérables d'éclat qui s'expliqueraient tout naturellement s'il s'agissait de fragments anguleux, nous présentant tantôt une surface relativement large, tantôt un sommet. Leur apparence plus ou moins globulaire au télescope peut résulter d'une illusion d'optique, étant donné leur dimension vraiment infime.

Les chiffres obtenus par des astronomes de haute valeur dans la mesure des mêmes planètes, effectuée à des époques différentes, appuieront cette hypothèse. Ainsi Cérès s'est montrée à Argelander avec 370 kilomètres de diamètre, tandis que Stone ne lui en a trouvé que 315 et que Barnard, au contraire, en annonce 964. De même pour Pallas, les trois observateurs qui viennent d'être cités ont assigné au diamètre de la planète une longueur de 261 kilomètres, 275 kilomètres, 400 kilomètres. Pour Vesta, leurs chiffres respectifs sont de 443, 345, 382 kilomètres. Cette divergence s'est retrouvée dans beaucoup d'autres cas. Pour fortifier son opinion, Olbers admettait qu'une planète circulant normalement entre Mars et Jupiter avait pu être brisée par le choc de quelque comète. Mais le spectacle de l'évolution planétaire dont Vénus, la Terre, Mars et la Lune nous ont montré tout à l'heure quatre termes successifs, nous conduisent à expliquer le résultat d'une façon beaucoup plus simple et beaucoup plus satisfaisante, puisqu'elle cadre évidemment avec les grandes lignes de l'économie générale de l'Univers. Il suffit, en effet, de supposer continués les effets de contraction constatés sur la Lune comme suite à l'absorption des fluides par les roches, pour concevoir que le craquellement, commençant par l'ouverture des rainures, se continue par la fragmentation de la coque rocheuse planétaire.

Nous faisons cependant ici une restriction au sujet des planètes supérieures, provenant des zones superficielles de la nébuleuse primitive et dont l'isolement, d'après Laplace, est antérieur à la constitution du Soleil tel que le conçoit Faye. Elles paraissent exclusivement formées de substances fluides, incapables de solidification dans les conditions de milieu où elles sont placées, et, par conséquent, n'ont rien à voir avec l'ensemble des réactions qui concernent, dans l'évolution planétaire, la transformation des solides.

Dès lors, on est en droit d'imaginer un moment où circulait dans le ciel la plus ancienne des planètes du système solaire inférieur, réduite par des rainures en fragments juxtaposés. Le mouvement d'ensemble des débris séparés a bientôt été accompagné du déplacement relatif des uns par rapport aux autres, et, par conséquent, un égrènement a commencé à se produire le long de l'orbite parcourue.

De cet égrènement, qui rappelle les phénomènes de désagrégation géologique grâce auxquels les roches massives se transforment en matériaux incohérents et mobiles, les comètes procurent un exemple remarquable. Toutes les étapes en ont été observées, depuis la première forme d'un astre unique dont la chevelure s'est déployée tant de fois dans le ciel, à l'effroi des populations naïves qui y ont vu le « cimeterre de Dieu, » puis sous l'aspects de couples ou de familles de comètes de diverses grosseurs et d'allures différentes, enfin à l'état de pluie de feu, « d'averse de Saint-Laurent, » dont chaque goutte est une étoile filante. Nous savons déjà qu'il ne faut pas faire de confusion entre l'étoile filante et la météorite. Notons seulement ici que l'origine de la première ne laisse plus de doute, et qu'elle a établi, — même contre certaines théories mécaniques auxquelles on a tenu longtemps, — la réalité de cette désagrégation d'un astre le long de son orbite, dont il importe de justifier l'application à l'histoire des petites planètes.

Pour celles-ci, le fait de la séparation successive de chacune d'elles de la masse primitive d'où elle dérive, semble bien prouvé par l'extraordinaire enchevêtrement des 600 orbites dans lesquelles elles se meuvent et qui se recoupent mutuellement en certains points. L'astronome d'Arrest disait : « Un fait semble confirmer l'idée d'une liaison intime qui rattacherait entre elles toutes les petites planètes ; c'est que, si l'on se figure leurs orbites sous la forme de cerceaux matériels, ces cerceaux se trouvent tellement enchevêtrés qu'on pourrait au moyen de l'un d'eux, pris au hasard, soulever tous les autres. » (*Sur le système des petites planètes*, 1851.) On n'en connaissait alors que quatorze ; les découvertes ultérieures n'ont fait que confirmer cette remarque. On peut conclure aussi le l'ait de l'égrènement spontané de l'inégale densité des différentes parties de l'anneau planétaire, dès maintenant constitué et de l'existence en une région de son pourtour d'une accumulation plus grande de petits astéroïdes [1]. Aussi considérons-nous l'état île ces corps comme représentant un cinquième stade dans l'évolution planétaire, à la suite de ceux qui nous ont été successivement présentés par Vénus, par la Terre, par Mars et par la Lune.

C'est maintenant qu'il nous faut revenir aux pierres tombées du ciel, aux météorites, pour leur demander la conclusion de cette histoire merveilleuse.

Section V

En comparant les unes aux autres les roches cosmiques du Muséum, on reconnaît bientôt parmi elles, outre les types simples que nous avons énumérés, des spécimens d'une complication évidente et des plus instructives.

Ainsi, on s'aperçoit que la pierre tombée le 30 mai 1866 à Saint-Mesmin, dans le département de l'Aube, est réellement constituée par l'agglutination de fragments de deux variétés de roches météoritiques qu'on trouve à l'état séparé dans des échantillons simples. L'une de ces roches est représentée par la pierre de Lucé, entre autres, qui est blanche et à grains extrêmement fins ; la seconde compose la masse tombée le 10 septembre, à Limerick, en Irlande, et qui est d'un gris cendré et toute remplie de petits globules très blancs et très friables.

Une masse ayant la structure de la météorite de Saint-Mesmin rentre dans la catégorie des roches terrestres qui depuis bien longtemps ont été qualifiées de *brèches*. Ainsi, l'on trouve en Egypte une pierre de ce genre, très recherchée à cause du bel aspect qu'elle prend par le polissage et qu'on appelle, avec une sensible exagération, la *brèche universelle*. En l'examinant, on y trouve, à l'état d'éclats solidement cimentés les uns avec les autres, des échantillons de granit, de porphyre, de syénite, de protogine, de quartz, de pétrosilex, etc., et il suffit d'un instant de réflexion pour reconnaître qu'elle n'a pas pu se produire d'un seul coup avec une constitution pareille. Il a fallu, de toute nécessité, qu'il se produisit dans des localités distinctes et par des réactions spéciales en chaque lieu : ici du granit, là du porphyre, ailleurs de la syénite, etc., etc. Il a fallu ensuite que ces roches, une fois constituées, fussent soumises à des effets mécaniques qui les ont réduites en éclats. Il a fallu que ces éclats fussent arrachés à leurs gisements originels, qu'ils aient été charriés vers un même point et mélangés les uns avec les autres, puis réunis enfin, par l'introduction dans leurs interstices d'une matière conjonctive convenable.

Et l'on sent tout de suite à quoi nous voulons en venir : c'est que cette origine si compliquée de la brèche universelle doit nécessairement s'appliquer à l'histoire de la météorite hétérogène que nous venons de signaler. Quelque part, *en dehors de la Terre*, il s'est trouvé réalisé un ensemble de conditions comparable à celui qui sur notre globe a présidé à la constitution des *brèches*. Ceci veut dire que dans ce quelque part extra-terrestre, il y avait non seulement de la matière rocheuse, mais plusieurs qualités diverses de roches ; que ces roches, d'abord placées dans des gisements distincts et séparés, ont été, — leur constitution une fois achevée, — soumises à des actions énergiques qui les ont réduites en petits fragments, qui ont ensuite déplacé ces fragments pour les rapprocher les uns des autres et les mélanger, enfin qui les ont cimentés de façon à en faire des roches cohérentes. Le milieu extra-terrestre d'où la météorite étudiée est originaire, présentait donc, dans ses grandes lignes au moins, d'étroites analogies avec le milieu terrestre.

Cette assertion vaut la peine d'être précisée, car on peut en tirer un fil conducteur à travers les traits de parenté de divers corps célestes, pour pénétrer dans l'histoire de l'évolution des planètes. Aussi appellerai-je l'attention sur un autre exemple, choisi entre beaucoup, des *relations stratigraphiques des météorites*, dont l'étude a été tout spécialement concluante.

Il s'agit du fer de Pallas. Malgré son nom mythologique, Pallas était un naturaliste russe, né à Berlin en 1741 : sa mère était d'origine française. Il accomplit, sur l'ordre de l'impératrice Catherine II, un voyage en Sibérie (1774-1786) d'où il rapporta des quantités de documents et au cours duquel il découvrit le fer qui porte son nom.

Ce fer avait été trouvé sur la cime d'une haute montagne voisine d'Yénissei, entre Krasnojarsk et Abekansk, par un cosaque, chasseur de vocation, mais forgeron de métier, qui avait été étonné de rencontrer en semblable condition du fer pliant et forgeable propre à un usage immédiat. Malgré le poids de la masse : 1 680 livres russes (près de 700 kilogrammes), le cosaque la transporta à Krasnojarsk où il eut l'occasion de la montrer à Pallas. Celui-ci en apprécia d'instinct toute l'importance et, profitant de ce que le métal s'était montré réfractaire aux essais de travail auquel on l'avait soumis, — intéressé aussi par la tradition locale qui attribuait à la masse une origine céleste, — la dirigea sur Saint-Pétersbourg où elle est encore, — moins toutefois la substance dont sont faits les échantillons distribués successivement à toutes les collections de minéralogie. Elle ne pèse plus que 520 kilogrammes.

L'examen intime de ce fer, dont l'origine astronomique a été amplement démontrée, conduit à y reconnaître le résultat d'une longue succession d'actions géologiques qui, par comparaison avec des phénomènes terrestres, confirment, en l'accentuant singulièrement, la conclusion déjà formulée. Sans entrer dans une description technique qui ne serait pas à sa place ici, nous nous bornerons à dire que le fer de Pallas n'est pas formé de métal continu comme les morceaux fournis par les usines. Le fer y constitue un réseau, une éponge dont les vacuoles sont remplies de grains pierreux, transparents, d'un vert jaunâtre et constitués par la pierre précieuse connue sous le nom de péridot. De sorte qu'une surface sciée et polie au travers de la masse est du plus agréable effet. Si on plonge dans un acide une lame ainsi travaillée, on voit, par l'attaque et la dissolution partielle de la substance métallique, que celle-ci n'est pas homogène, qu'elle est très complexe, composée de substances très régulièrement groupées et ordonnées d'après les contours des grains de péridot. Ces substances sont surtout des alliages de fer et de nickel très inégalement solubles dans l'acide employé ; mais on y trouve aussi des phosphures, des sulfures et de la matière charbonneuse. Elles sont disposées en forme de feuillets superposés épousant tous les détails de forme des grains pierreux et se succédant dans un ordre très régulier, parfaitement indépendant des fusibilités relatives de ces matériaux.

Une telle structure serait incompréhensible si elle ne reproduisait, — jusque dans les détails les plus minutieux, — la manière d'être de certaines productions terrestres dont l'histoire est parfaitement connue. Il s'agit des filons métallifères, c'est-à-dire de roches qui nous fournissent des séries de substances indispensables à nos industries. Parmi ces filons, il en est qui consistent en fragments pierreux rappelant (à la substance près) les grains de péridot du fer de Pallas autour desquels des produits métalliques variés sont en petits lits concentriques, dans un ordre régulier, mais, indépendant des fusibilités relatives et constituant un véritable réseau entre les substances précédentes.

On sait très bien comment les roches filoniennes ont pris naissance. Elles consistent en fragments pierreux qui, s'étant accumulés dans des fissures du sol, où ils avaient été précipités jusqu'à une profondeur suffisante, y ont été baignés par des eaux chaudes et minéralisées ou par des vapeurs qui ont déposé, dans leurs interstices et à leurs surfaces, des substances variées et surtout métalliques.

Un filon de ce genre ne saurait donc se produire tout d'un coup. Il exige, au contraire, pour prendre naissance, l'existence antérieure de roches concassées et accumulées dans des fractures où circuleront les agents minéralisateurs. Comme cette condition est nécessaire aussi bien lorsqu'il s'agit du fer de Pallas qu'à l'égard des filons terrestres, il faut reconnaître que, dans le lieu d'origine des roches tombées du ciel, il devait y avoir une roche de péridot qui, après sa constitution, a été concassée, désagrégée, réduite en fragments accumulés, et dans les interstices desquels se sont fait jour des émanations capables de conditionner la matière métallique complexe qui en cimente maintenant les éléments. Cette conséquence inévitable nous montre le milieu météoritique, sous un jour bien imprévu.

Sans vouloir abuser des descriptions du même genre, il convient de mentionner, à côté des brèches et des roches filoniennes, — que comprennent les météorites en outre de leur type homogène, — des roches dont l'histoire toute différente trouve encore son éclaircissement dans la comparaison avec des phénomènes terrestres. Certaines d'entre elles, par exemple, se signalent comme des roches éruptives, comparables à nos porphyres et à nos basaltes pour leur manière d'être générale et en dépit de leur composition toute spéciale. L'une des plus célèbres à cet égard est un bloc de fer qui a été découvert dans la Sierra de Deesa au Chili et qu'on peut voir au Muséum. Un trait de scie, mené au travers de sa masse, y montre le métal compact empâtant des fragments anguleux d'une pierre très noire qui se rapporte au type tadjérite. Cette structure est exactement celle des basaltes de la pittoresque falaise d'Antrim, dans le Nord de l'Irlande, où des fragments anguleux de marbre sont empâtés dans la roche volcanique. Pour le basalte, on est très bien renseigné : on sait qu'il a fait éruption, à la manière des laves du Vésuve, au travers de couches composées de calcaire. Les parois des cassures au travers desquelles l'ascension de la roche fondue a eu lieu se sont désagrégées par place, et les débris ainsi séparés ont été englobés par la roche fondue qui, par refroidissement, les a solidement cimentés les uns avec les autres.

La ressemblance de structure est si intime qu'on ne peut douter un instant de la conformité des procédés de production, et cela revient à dire que le fer de Deesa n'a pas pu se produire d'un seul coup, par une opération unique : là où il s'est fait, il fallait de toute nécessité qu'il y eût des masses de la roche noire disposées au-dessus du laboratoire dans lequel le fer était maintenu à l'état de fusion ; il fallait que ces masses de roche noire se fussent fissurées et que, par les fissures, l'éruption du fer ait pu avoir lieu ; il fallait enfin que, pendant l'ascension du métal pâteux, des éclats de la roche noire eussent été empruntés aux parois des cassures et emprisonnés dans le filon.

Cette analogie qui conduit encore, sans qu'on y puisse échapper, à la conclusion que le milieu d'où viennent les météorites avait nécessairement une structure géologique compliquée, très intimement ressemblante à la structure de la Terre, se trouve accentuée par une circonstance qui doit nous arrêter à son tour.

En réalité, le basalte d'Antrim n'a pas fait éruption au travers d'assises de marbre pareil à celui dont il contient les fragments, mais bien au travers d'assises de craie que le contact de la roche éruptive chaude a transformée en marbre. Non seulement les éclats de craie empâtés dans le basalte sont devenus du marbre, mais, tout le long des liions volcaniques, on voit comme une gaine de marbre qui les sépare de la craie et qui résulte, comme on dit, du *métamorphisme* de celle-ci. Ce marbre suppose dans sa production la rencontre de deux roches antérieures, le basalte et la craie.

Il en est exactement de même, — et c'est là un fait de la plus haute portée, — dans le cas des météorites, et la géologie du ciel va se montrer aussi compliquée que celle de la Terre. En effet, de nombreuses observations et des expériences variées m'ont démontré que la roche noire empâtée dans le fer de Deesa n'est pas une roche primitive, qu'elle est véritablement une roche métamorphique. La roche initiale contraste avec elle par sa blancheur : en un mot, c'est l'aumalite qui en donne le type parfait. Un échauffement considérable, du genre de celui qui transforme la craie en marbré, transforme de même la roche blanche ou aumalite en la roche noire ou tadjérite. A cet égard, les analyses ont confirmé les résultats de la synthèse et le doute n'est pas permis. En sorte que le fer de Deesa, comparé au basalte d'Antrim, permet d'affirmer que, dans le gisement originaire des météorites, le réservoir de fer fondu n'était pas recouvert de tadjérite noire, mais bien d'aumalite blanche, comme le réservoir de basalte terrestre était recouvert de craie et non pas de marbre. L'éruption, en échauffant cette roche de recouvrement, l'a profondément modifiée et de même qu'en Irlande il s'est fait du marbre avec la craie empâtée par le basalte, de même, dans le corps planétaire d'où viennent les météorites, il s'est fait de la tadjérite noire avec l'aumalite blanche empâtée par le fer fondu. Il faut même ajouter que certaines météorites affectent une analogie tout à fait intime avec d'autres catégories encore de masses volcaniques terrestres, parfois pour la composition en même temps que pour la structure, et, dans certaines circonstances, pour la structure seulement.

Dans la première série, il existe des météorites dont les fragments ne sauraient être distingués de ceux de diverses laves terrestres, par exemple, de laves d'Islande. La pierre tombée le 15 juin 1821, à Juvinas, dans l'Ardèche, est formée des mêmes minéraux que la lave vomie par le volcan de Thjoza (Islande), et la roche tombée à Chassigny reproduit rigoureusement, comme nous l'avons déjà dit, les caractères de certaines roches volcaniques de notre Plateau central et de la Nouvelle-Zélande.

Dans la seconde catégorie, on doit mentionner des masses dont toute l'économie est semblable à celle des *cinérites*, c'est-à-dire de roches résultant de l'agglutination de cendres volcaniques accumulées en couche et souvent recouvertes de lits d'une tout autre origine. Dans les cinérites, dérivant, comme on sait, de projections solides de volcans, on trouve des fragments de diverses grosseurs (des *lapilli*, disent les Italiens), cimentés par une fine poussière de même composition. Si l'on arrache les fragments, on voit à leur place le moulage de leur forme dans la roche fine.

Nous avons d'admirables répliques des cinérites parmi les météorites. En première ligne, il faut signaler la masse tombée le 13 octobre 1872 à Soko Banja, en Serbie, à côté de laquelle beaucoup d'autres pourraient prendre place. C'est une roche essentiellement fragmentaire, formée d'une poussière, ou cendre, dans laquelle sont répandus des lapillis de grosseur très variable. La composition est différente de celle des lapillis terrestres ; mais la structure est si conforme à la leur qu'il faut y voir un produit des mêmes causes générales. Le moteur de l'éruption n'a sans doute pas été l'eau, car une bonne partie de la masse consiste en fines grenailles de fer métallique qui n'auraient pas manqué de s'oxyder ; mais nous sommes sûrs que, dans le milieu météoritique, des principes gazeux se sont développés avec assez de tension pour déterminer de véritables éruptions volcaniques.

Section VI

Nous pourrions prolonger encore beaucoup l'énumération des types géologiques reconnaissables parmi les pierres tombées du ciel ; mais, tenant à épargner à nos lecteurs des descriptions trop minutieuses, nous nous bornerons à conclure des faits précédents quelques notions relatives à ce milieu d'où les météorites se signalent si nettement comme étant des produits détachés.

Guidés par les notions de la géologie terrestre et éclairés chaque fois par la ressemblance des échantillons cosmiques avec les roches provenant de notre propre sol, nous pouvons proclamer d'abord que, contrairement à une opinion des chimistes qui les premiers analysèrent des météorites, celles-ci ne se sont pas produites dans l'espace céleste indépendamment les unes des autres et par des réactions spéciales.

Ce fut, en effet, une opinion émise par des savants distingués que ces météorites devaient constituer comme des résidus de fabrication des planètes, des copeaux (c'est l'expression employée) qui s'étaient trouvés en trop, — une fois le système solaire constitué. Sans insister sur l'incompatibilité d'une semblable faute d'ordonnancement avec la majestueuse harmonie des choses de l'Univers, on remarquera combien les faits énumérés tout à l'heure les contredisent : nous sommes sûrs maintenant de la coexistence dans la même météorite de toute une série de types de roches cosmiques. Ces relations stratigraphiques ne sauraient être précisées jusque dans les détails ; mais on est à même d'en résumer les caractères les plus généraux.

Tout d'abord, le milieu originaire des météorites ne peut être conçu autrement que sous la forme d'un globe dans lequel des massifs de roches étaient associés, comme sont associées les roches dans l'écorce terrestre. Parmi elles, les plus anciennes, où l'analyse retrouve les éléments caractéristiques décelés par le spectroscope dans la photosphère du Soleil, se sont certainement constituées par la condensation brusque et la cristallisation confuse de vapeurs convenablement composées : c'est ce dont la synthèse minéralogique m'a fourni la preuve la plus complète. Ces roches ont été le siège de réactions chimiques successives et qui se sont continuées assez longtemps pour déterminer des modifications dans la substance dont certaines d'entre elles étaient primitivement constituées. Il s'est évidemment insinué, dans des masses pierreuses, des minéraux métalliques qui ont donné aux météorites les plus abondantes l'un de leurs caractères remarquables. Les régions internes du globe ont manifesté leur haute température au travers de l'écorce déjà consolidée en y poussant des apophyses de substances fondues, qui s'y sont consolidées en véritables dykes dont plusieurs fers météoriques nous fournissent certainement des spécimens. En traversant les assises superposées, les roches fondues y ont engendré des types nouveaux par voie de métamorphisme ; elles se sont tantôt répandues en tufs, tantôt épanchées en nappes de laves. Dans certaines cassures de l'écorce planétaire, des concrétions filoniennes se sont développées avec des caractères variés d'après les conditions originelles, et c'est ainsi que se sont faits les fers météoriques à large structure cristalline, comme le fer de Caille et les fers en forme de réseau autour de grains pierreux, comme celui de Krasnojarsk, ou de Pallas.

Reste à savoir dans quelle région du ciel pouvait circuler le globe météoritique.

Nous avons vu la plus extérieure des planètes capables de solidification, parvenue dès maintenant à la phase évolutive qui, succédant à l'absorption des fluides par l'écorce solide et même au crevassement de celle-ci, consiste dans la réduction de l'astre en fragments distincts et même dans l'éparpillement de ses fragments le long de sa trajectoire. Il en résulte la formation d'un anneau de débris gravitant autour du Soleil et se rapprochant graduellement de lui jusqu'à finir par tomber à sa surface.

Il suffit de supposer qu'une disposition analogue puisse exister autour de la Terre pour rendre explicables toutes les particularités météoritiques. Tout à l'heure, la Lune nous fournissait, à cause de son faible volume, un terme évolutif succédant à la phase réalisée sur Mars. Il n'y a qu'à admettre l'existence dans le passé d'un autre satellite de notre Terre, bien plus petit que la Lune et de ce fait parvenu plus avant dans les étapes du développement sidéral, pour qu'on dispose des circonstances nécessaires à la transformation d'un globe en particules disséminées le long de l'orbite qu'il parcourait d'abord.

Ainsi s'expliquerait le manque de périodicité des chutes de météorites qui les distingue si radicalement des pluies d'étoiles filantes, dernier incident de l'histoire des comètes. Le fracas qui accompagne l'explosion du bolide à météorite, alors que la chute des étoiles filantes est toujours silencieuse, est encore une preuve, entre tant d'autres, de la différence essentielle des deux phénomènes : le bruit provient des réactions exercées sur l'air résistant par les matériaux solides des météorites, réactions que ne provoque pas la bulle gazeuse constituant vraisemblablement l'étoile filante et dans lesquelles, suivant les ingénieuses remarques de M. le marquis de Mauroy, l'électricité joue peut-être un rôle prépondérant.

On s'imagine facilement que le travail de morcellement spontané, s'exerçant sur la substance de ce petit satellite terrestre, doive nécessaire ment en faire comme une poussière sidérale dont la chute sur l'astre central, c'est-à-dire sur notre globe, est pour lui une source de richesse, puisqu'il y recueille des substances utilisables par les végétaux, comme le fer, la potasse. le phosphore. La destruction de la force vive des masses bolidiennes a certainement aussi son emploi dans l'économie terrestre. Chaque corps céleste restitue ainsi sa substance, — devenue comparable à celle des cadavres dans le monde organique, — à des congénères moins âgés et qui continuent de vivre.

En tout cas, la conception que nous venons d'exposer de l'origine des pierres tombées du ciel, présente ce caractère particulier qu'elle est moins une hypothèse que la constatation d'une homogénéité nécessaire dans la série des faits si bien constatés et qui ont été résumés plus haut. La liaison mutuelle des conditions propres à chaque planète n'aurait aucun sens et leur majestueuse unité serait sans objet, si le cercle qu'elles ouvrent par l'analogie de la Terre avec Vénus et Mars et qu'elles continuent par la ressemblance de ces astres avec la Lune, ne se fermait, conformément à ce qu'on vient de voir, par le morcellement spontané de la planète extramartiale et de l'ancien et minuscule satellite de la Terre. C'est là certainement l'un des exemples les plus facilement sensibles des merveilleuses harmonies qui président à l'équilibre de l'Univers tout entier.

ISBN : 978-1979835718

www.ingramcontent.com/pod-product-compliance
Lightning Source LLC
Chambersburg PA
CBHW050249230526
45470CB00005B/2184